Realisierung digitaler Systeme. Vor- und Nachteile verschiedener Techniken und ihre geeignete Anwendung

Arne Fröning

Bibliografische Information der Deutschen Nationalbibliothek:

Die Deutsche Nationalbibliothek verzeichnet diese Publikation in der
Deutschen Nationalbibliografie; detaillierte bibliografische Daten sind
im Internet über http://dnb.d-nb.de abrufbar.

ISBN: 9783346671424
Dieses Buch ist auch als E-Book erhältlich.

© GRIN Publishing GmbH
Nymphenburger Straße 86
80636 München

Druck und Bindung: Books on Demand GmbH, Norderstedt Germany
Gedruckt auf säurefreiem Papier aus verantwortungsvollen Quellen

Das Buch bei GRIN: https://www.grin.com/document/1244924

Hochschule Fresenius

Fachbereich onlineplus

Studiengang: Wirtschaftsingenieurwesen Engineering und Automatisierung
(M.Eng.)

Hausarbeit

Realisierung digitaler Systeme

Digitale Systeme können mit Hilfe von FPGAs, ASICs, ASSPs oder Mikrocontrollern realisiert werden.

Nennen Sie Vor- und Nachteile der verschiedenen Techniken. Für welche Anwendung ist welche Technik geeigneter?

Arne Fröning

Modul: Automatisierung 2 – Elektro- und Digitaltechnik

Abgabedatum: 14.02.2022

Inhalt

1 Einleitung 1

    1.1   Hintergrund und Motivation 1

    1.2   Aufbau der Arbeit 1

2 Digitale Systeme 2

    2.1   Einführung 2

    2.2   Flip-Flops 3

    2.3   Transistoren 5

    2.4   Integrierte Schaltungen 6

3 Realisierung digitaler Systeme durch integrierte Schaltungen 7

    3.1   ASIC 7

    3.2   ASSP 7

    3.3   FPGA 8

    3.4   Mikrocontroller 9

4 Vergleich der unterschiedlichen Systeme 10

5 Zusammenfassung 12

Literaturverzeichnis I

Abbildungsverzeichnis

Abbildung 1: Symbole für Logikgatter 2

Abbildung 2: RS-Flip-Flop 3

Abbildung 3: D-Flip-Flop 4

Abbildung 4: Visualisierung eines npn-Transistors 5

Abbildung 5: verschiedene Bauelemente auf einem Halbleiter-Chip 6

Abbildung 6: FPGA-Schaltung 8

Abbildung 7: Schaltbild eines typischen Mikrocontrollers 9

Tabellenverzeichnis

Tabelle 1: Wahrheitstabellen Logikgatter 3

Tabelle 2: Wahrheitstabelle RS-Flip-Flop 4

Tabelle 3: Wahrheitstabelle D-Flip-Flop 5

1 Einleitung

1.1 Hintergrund und Motivation

Digitaltechnik bestimmt unser tägliches Leben. Verwenden wir einen Laptop oder ein Fernsehgerät, so dürfte uns klar sein, dass in diesen digitale Systeme arbeiten. Aber auch in Autos, Uhren, Heizungen oder Kameras kommt Digitaltechnik in Form sogenannter „eingebetteter Systeme" zum Einsatz (Gehrke et al., 2016, S. V). Durch die Vernetzung von Maschinen in der Industrie ermöglicht die Digitaltechnik die vierte industrielle Revolution, die unter dem Schlagwort *Industrie 4.0* jedem bekannt sein dürfte (ebenda).

Der Vorzug der Digitaltechnik im Vergleich zu analogen Systemen liegt dabei in der Möglichkeit, sehr komplexe Systeme auf kleinstem Raum umzusetzen, indem man sich auf zwei Signalzustände beschränkt, welche in logischen Schaltungen – sogenannten Gattern - ohne Fehlerfortpflanzung übertragen und weiter verarbeitet werden können (Fricke, 2021, S. 1).

Diese Arbeit befasst sich mit einigen der grundlegendsten Komponenten der Digitaltechnik: den integrierten Schaltungen. Hierbei handelt es sich um die Integration vieler elektronischer Bauteile zu <u>einem</u> System. Digitale, integrierte Schaltungen werden an den Beispielen von *Application Specific Integrated Circuit* (ASSP), *Application Specific Standard Product* (ASIC), *Field Programmable Gate Array* (FPGA) sowie *Mikrocontrollern* erläutert. Dabei ist es das Ziel, die Funktionsweisen der unterschiedlichen Schaltungen zu beschreiben und miteinander zu vergleichen. Zu diesem Zweck sollen insbesondere auch auf die Vor- und Nachteile der einzelnen Systeme beschrieben und typische Anwendungsgebiete aufgezeigt werden.

1.2 Aufbau der Arbeit

Diese Arbeit beginnt mit einer Einführung in die Digitaltechnik als Basis für die weiteren Ausführungen. In diesem Zusammenhang werden die Grundlagen der Digitaltechnik, Logikgatter, Flip-Flops, Transistoren sowie Grundlagen zu den integrierten Schaltungen erläutert.

Aufbauend auf dieser Einführung werden in Kapitel 3 die integrierten Schaltungen ASIC, ASSP, FPGA sowie Mikrocontroller ausführlich beschrieben.

Kapitel 4 vergleicht die einzelnen Schaltungen miteinander und geht in diesem Zusammenhang auch auf die unterschiedlichen Anwendungsbereiche der einzelnen Systeme ein.

Kapitel 5 schließt diese Arbeit mit einer Zusammenfassung ab.

2 Digitale Systeme

2.1 Einführung

Digitale Schaltungen dienen zur Signalverarbeitung. Die Digitaltechnik verwendet hierfür Binärdaten – das sind Daten, die nur zwei Zustände, z.B. „0" und „1" – kennen (Gehrke et al., 2016, S. 2). Meistens werden Binärdaten mit Spannungspegeln dargestellt: 0 V für „0" und 3,3 V für „1" (ebenda). Die beiden Spannungswerte werden auch *Logik-Pegel* und in diesem Zusammenhang auch „L" (Low) oder „H" (High) genannt, aus ihnen resultiert der *Logik-Zustand* „0" bzw. „1", wobei natürlich grundsätzlich auch eine umgekehrte Zuordnung möglich ist (ebenda).

Digitalschaltungen verwenden also die Werte „0" und „1" als Eingangssignale, verarbeiten diese und geben wiederum „0" oder „1" als Ergebnis aus. Die Grundelemente zur Verarbeitung werden Logikgatter genannt (ebenda, S. 3). Diese Logikgatter beruhen auf den Booleschen Operatoren, nachfolgend werden die wichtigsten Logikgatter beschrieben:

- der **Inverter** ergibt am Ausgang das Gegenteil seines Eingangs
- das **UND**-Gatter hat mindestens zwei Eingänge und ergibt 1, wenn <u>alle</u> Eingänge 1 sind
- das **ODER**-Gatter hat mindestens zwei Eingänge und ergibt 1, wenn <u>mindestens</u> ein Eingang 1 ist
- das **XOR**-Gatter mit zwei Eingängen ergibt 1, wenn genau ein Eingang 1 beträgt. Im Unterschied zum ODER-Gatter dürfen aber <u>nicht</u> beide Eingänge 1 betragen, um eine 1 ausgeben zu können. Daher wird dieses Logikgatter auch „exklusives oder" bezeichnet. Hat ein XOR-Gatter drei Eingänge, so ergibt es 1, wenn eine ungerade Anzahl an Eingängen 1 beträgt

Die Logikgatter können auch durch die nachfolgenden Symbole beschrieben werden, wobei die Eingänge stets auf der linken Seite und die Ausgänge stets auf der rechten Seite zu finden sind.

Abbildung 1: Symbole für Logikgatter

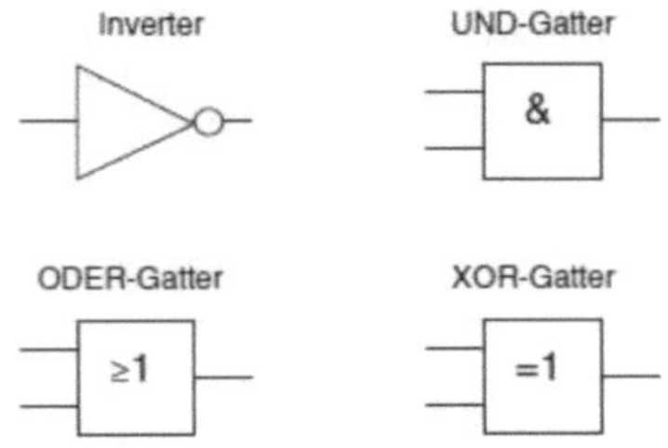

Quelle: Gehrke et. al, 2016, S. 3

Weitere Logikgatter sind z.B.:

- das **NAND**-Gatter, welches zum umgekehrten Ergebnis eines UND-Gatters führt
- das **NOR**-Gatter, welches zum umgekehrten Ergebnis eines ODER-Gatters führt
- das **XNOR**-Gatter, welches nur dann 1 ergibt, wenn eine gerade Anzahl an Eingängen 1 beträgt

Nachfolgend werden die Wahrheitstabellen der beschriebenen Logikgatter mit – beispielhaft - den drei Eingängen E_1, E_2 und E_3 sowie dem Ausgang A dargestellt:

Tabelle 1: Wahrheitstabellen Logikgatter

Inverter		UND		ODER		XOR		XAND		NOR		XNOR	
E_1	A	$E_1E_2E_3$	A	$E_1E_2E_3$	A	$E_1E_2E_3$	A	$E_1E_2E_3$	A	$E_1E_2E_3$	A	$E_1E_2E_3$	A
0	1	000	0	000	0	000	0	000	1	000	1	000	1
1	0	001	0	001	1	001	1	001	1	001	0	001	0
		010	0	010	1	010	1	010	1	010	0	010	0
		011	0	011	1	011	0	011	1	011	0	011	1
		100	0	100	1	100	1	100	1	100	0	100	0
		101	0	101	1	101	0	101	1	101	0	101	1
		110	0	110	1	110	0	110	1	110	0	110	1
		111	1	111	1	111	1	111	0	111	0	111	0

Quelle: eigene Darstellung

2.2 Flip-Flops

Flip-Flops - auch bistabile Kippstufen genannt – sind sogenannte Ein-Bit-Speicher und als solche elementare Grundelemente für viele elektronische Schaltungen. Durch die Bistabilität lassen sich Informationen durch zwei Zustände – „Set" und „Reset" - zeitunabhängig speichern. Durch Eingangssignale kann zwischen diesen beiden Zuständen hin- und hergeschaltet werden. Die einfachste Form des Flip-Flop ist der RS-Flip-Flop mit den beiden Eingängen R und S sowie dem Ausgang Q und dessen negierten Wert $\overline{Q}$. Man spricht in diesem Falle auch von einem ungetakteten oder asynchronen Flip Flop (Bressler et al., 2017, S. 597). Das Flip-Flop wird aus zwei NOR-Verknüpfungen hergestellt, daher wird es auch NOR-Flip-Flop genannt. Durch das Vertauschen der Ausgänge wird es zum RS-Flip-Flop.

Abbildung 2: RS-Flip-Flop

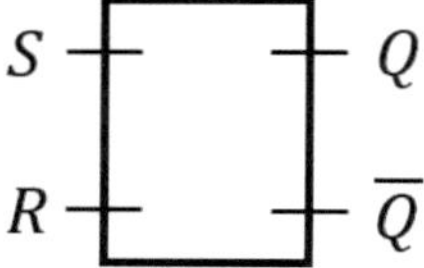

Quelle: eigene Darstellung

Nachfolgend beschreiben wir die Wahrheitstabelle:

Tabelle 2: Wahrheitstabelle RS-Flip-Flop

S	R	Q	$\overline{Q}$	Zustand
1	0	1	0	Set (Setzen)
0	0	X	X	Speichern
0	1	0	1	Reset (Zurücksetzen)
1	1	0	0	nicht speicherbar

Quelle: eigene Darstellung

Erläuterung der Wahrheitstabelle:

1) Set: Liegt am Eingang S ein H-Pegel (1) an, so wird ebenfalls der Ausgang Q auf ein H-Pegel (1) gesetzt
2) Speichern: Liegt am Eingang S ein L-Pegel an, so bleibt der Ausgang Q unverändert
3) Reset: Liegt am Eingang R ein H-Pegel (1) an, so wird der Ausgang Q auf ein L-Pegel (0) gesetzt
4) nicht speicherbar: werden beide Eingänge S und R auf H-Pegel (1) gesetzt, so werden beide Ausgänge auf L-Pegel (0) gesetzt. Dies ist ein unerwünschter Zustand und wird auch als „unbestimmt" oder „verboten" bezeichnet

Das D- (Daten-) Flip-Flop ist ein taktgesteuertes Flip-Flop. Hier existiert zusätzlich ein Takteingang C (Clock), welcher den Eingangswert immer dann weiterleitet, wenn der Taktimpuls anliegt (Gehrke et al., 2016, S. 4). Durch das Taktsignal lässt sich z.B. eine Synchronisierung mit anderen Bauteilen realisieren, es entspricht der Arbeitsgeschwindigkeit einer Digitalschaltung. Beim D-Flip-Flop ist der Reset-Eingang negiert mit dem Set-Eingang verbunden. Der Reset-Wert ist hier also immer der negierte Wert des Set-Eingangs, wodurch sich die Eingänge auf einen Eingang D reduzieren lassen. Durch dieses vorgeschaltete Nicht-Gatter können die Eingänge R und S bei einem D-Flip-Flop nie den gleichen Wert annehmen, d.h. der unerwünschte, nicht speicherbare Zustand eines RS-Flip-Flops existiert beim D-Flip-Flop nicht.

Abbildung 3: D-Flip-Flop

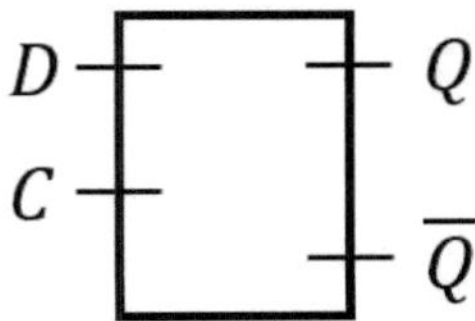

Quelle: eigene Darstellung

4

Nachfolgend beschreiben wir die Wahrheitstabelle eines D-Flip-Flops:

Tabelle 3: Wahrheitstabelle D-Flip-Flop

C	D	Q	Zustand
1	0	0	Reset (Zurücksetzen)
1	1	1	Set (Setzen)
0	0	X	speichern
0	1	X	speichern

Quelle: eigene Darstellung

2.3   Transistoren

Ein Transistor ist ein Halbleiterbauelement, welches oft in Schaltungen Verwendung findet (Bressler et al., 2017, S. 167). Er erfüllt die die Funktion eines Schalters, welcher den Stromkreis öffnet oder schließt. Erst die Erfindung des Transistors machte es möglich, Schaltungen auf kleinstem Raum zu entwickeln, daher wird dieser auch als das wichtigste Bauteil in der Elektronik bezeichnet (Busch, 2015, S. 212).

Transistoren verstärken oder reduzieren den Stromfluss, indem sie ihren Widerstandswert ändern. Es werden Bipolartransistoren (BPT) und Unipolartransistoren oder Feldeffekttransistoren (FET) unterschieden (ebenda). Wenngleich beide Transistorarten ihre spezifischen Einsatzgebiete haben, wird nachfolgend nur der am weitesten verbreitete Bipolartransistor beschrieben.

Bipolartransistoren können in der Form als NPN- oder in der Form als PNP-Transistor auftreten. Beide Varianten beinhalten drei übereinanderliegende Halbleiterschichten, wobei jede Schicht einen elektrischen Anschluss nach außen aufweist:

-    die Basis (B)
-    den Kollektor (C)
-    den Emitter (E)

Die Abkürzungen „P" und „N" stehen jeweils für eine positive oder negative Polung, auch Dotierung genannt.

Abbildung 4: Visualisierung eines npn-Transistors

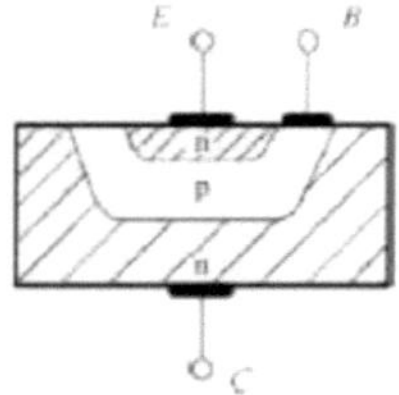

Quelle: Busch, 2015, S. 213

Wird nun eine Spannung U_{BE} von der Basis zum Emitter angelegt, so beginnt auch ein Stromfluss zum Kollektor C und damit eines Basisstroms I_B.

Mithilfe dieses Prinzips lassen sich Schaltfunktionen aus der Ferne bedienen oder automatisieren. Typischerweise wird bei Transistoren Silizium als Halbleiterwerkstoff verwendet, in diesem Falle ist zum Auslösen des Stromflusses eine Spannung > 0,7 V erforderlich.

2.4 Integrierte Schaltungen

In einer integrierten Schaltung werden nun mehrere Transistoren – heutzutage können es über eine Milliarde sein, zusammen mit weiteren elektronischen Bauteilen wie z.B. Widerständen, Kondensatoren oder Dioden, in einem Bauelement – dem Chip - zusammengefasst (Bressler et al., 2017, S. 405).

Der Durchbruch gelang dem US-Amerikaner Robert Noyce Anfang der 60er Jahre, als er sich die Idee patentieren ließ, Transistoren nicht mehr als Einzelelemente herzustellen, sondern mehrere Elemente auf einer gemeinsamen Siliziumscheibe leitfähig miteinander zu verbinden und so ganze Schaltungskomplexe herzustellen (Busch, 2015, S. 281). Neben des offensichtlichen Vorteils der Kompaktheit solcher Schaltungskomplexe, existieren weitere Vorteile, wie z.B.:

-   Steigerung der Zuverlässigkeit durch den Wegfall anfälliger Lötverbindungen
-   Vermeidung von Verunreinigungen – z.B. durch Eindringen von Staub – durch Verwendung eines gemeinsamen Gehäuses
-   Geringere Verlustleistung
-   Schnelligkeit

(Bressler et al., 2017, S. 406; Busch, 2015, S. 281; Gehrke et al., 2016, S. 210).

Die nachfolgende Abbildung zeigt einen solchen Halbleiterchip und der Integration von elektronischen Bauelementen, hier einen Widerstand, einen Kondensator, einer Diode und einem Transistor:

Abbildung 5: verschiedene Bauelemente auf einem Halbleiter-Chip

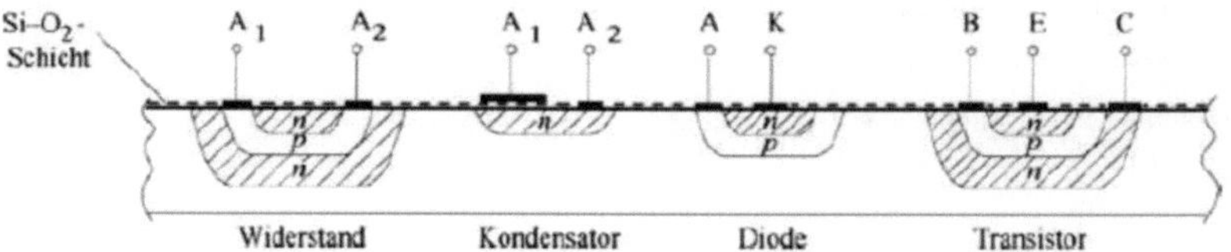

Quelle: Busch, 2015, S. 282

Die Si-O₂-Schicht dient zur Passivierung der Chip-Oberfläche (ebenda).

3 Realisierung digitaler Systeme durch integrierte Schaltungen

3.1 ASIC

ASIC steht für „Application Specific Integrated Circuit". Das benötigte digitale System wird also anwendungsspezifisch aus seinen logischen Grundelementen erstellt (Gehrke et al., 2016, S. 210). Hierfür steht eine elektronische Standardbibliothek mit den einzelnen Logik-Gattern zur Verfügung, die mit einer Hardwarebeschreibungssprache – wie z.B. VHDL – zu einem komplexen System miteinander verbunden werden können. Auf Basis der VHDL-Beschreibung werden im Zuge der darauf folgenden Synthese die optimalen Grundelemente und deren Verbindung eruiert, sodass das gewünschte digitale System auf einer möglichst kleinen Oberfläche realisiert werden kann sowie weitere Parameter – wie z.B. definierte maximale Verzögerungszeiten oder Verlustleistungen – eingehalten werden können (ebenda). Es können *Halbkunden-Schaltkreise* mit bereits vorgefertigter Struktur und lediglich kundenindividueller Verbindung und *Vollkunden-Schaltkreise* mit individueller Struktur und individueller Verbindung unterscheiden werden (Busch, 2015, S. 301). Den individuellen Gestaltungsmöglichkeiten stehen hohe Produktions-Grundkosten gegenüber - so kann die Vorbereitung der Produktion einer ASIC-Schaltung mehrere Millionen Euro kosten (Gehrke et al., 2016, S. 211). Es wird deutlich, dass diese Gestaltungsform eines digitalen Systems nur bei sehr hohen Stückzahlen wirtschaftlich sinnvoll ist.

3.2 ASSP

ASSP bedeutet „Application Specific Standard Product". Er besitzt den gleichen Aufbau wie ein ASIC, wird jedoch nicht selbst erstellt, sondern ist bereits als fertig konfigurierter Schaltkreis erhältlich (Gehrke et al., 2016, S. 211). Dieser fertig konfigurierte Schaltkreis kann entweder eine spezielle Einzel-Funktion erfüllen und wird dann an einen sehr bestimmten Abnehmerkreis geliefert (z.B. Motorsteuerung für die Automobilindustrie) oder zur Kombination mehrerer Funktionen, die zu einem System verknüpft werden, verbunden werden (Bressler et al., 2017, S. 685; Gehrke et al., 2016, S. 211). Erfolgt eine Kombination mehrerer Funktionen, spricht man von *System-on-Chip (SoC)*, so ist heutzutage bei Fernsehgeräten fast die gesamte Funktionalität in einem hochintegrierten Baustein vereinigt (Gehrke et al., 2016, S. 211).

3.3 FPGA

FPGA steht für „Field Programmable Gate Array". Ausgangspunkt zur Entwicklung eines FPGA war das Problem, dass die Herstellung einer individuellen digitalen Schaltung mittels ASIC mit erheblichen Grundkosten verbunden war (Gehrke et al., 2016, S. 211). Der FPGA besitzt zwar eine festgelegte Hardware, die sich daher in sehr großen Stückzahlen produzieren lässt, jedoch sind die logischen Funktionen anders als bei einem ASIC nicht im Vorfeld definiert, sondern können nachträglich, sogar nach dem Einsetzen der Platine (im „Feld") programmiert werden (ebenda). Somit schafft es der FPGA mit vergleichsweise günstigen Hardwarekosten äußerst individualisierbare Funktionen auszuführen. Aufgrund der daraus resultierenden besonderen Bedeutung des FPGA, insbesondere bei kleinen bis mittleren Stückzahlen, wird dieser Schaltkreis nachfolgend zur besseren Beschreibung dargestellt:

Abbildung 6: FPGA-Schaltung

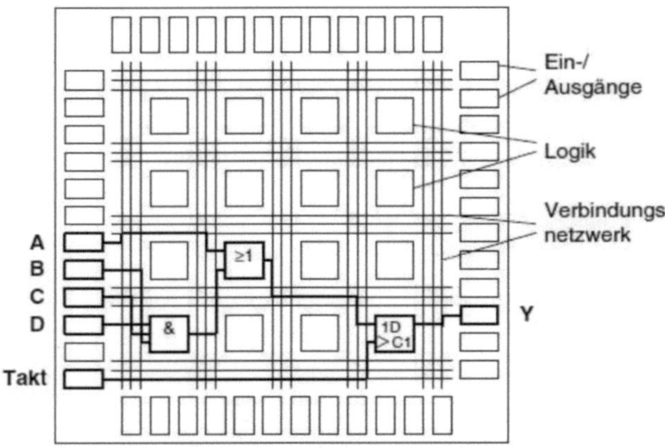

Quelle: Gehrke et al., 2016, S. 10

Der FPGA beinhaltet Logikblöcke, die als Flip-Flop oder Logikgatter programmiert werden können, außerdem programmierbare Verbindungsleitungen sowie ein- und Ausgänge (Gehrke et al., 2016, S. 9). Dabei kann ein FPGA Zehntausende dieser einzelnen Bausteine enthalten (ebenda). Zum Programmieren der Verbindungen können die folgenden Techniken zum Einsatz kommen (Fuchs, 2003, S. 5):

- Antifuse: die Schaltung ist nur einmalig programmierbar, bietet dafür eine größere Sicherheit gegen äußere Störungen
- Flash: die Programmierung ist wie Antifuse nicht flüchtig, jedoch überschreibbar.
- externe Speicherzellen: hier wird das Programm in einem externen Speicher (z.B. SRAM oder EPROM) aufbewahrt und bei jeder Aktivierung der FPGA neu geladen.

3.4 Mikrocontroller

Ein Mikrocontroller ist ähnlich aufgebaut wie ein PC – er beinhaltet einen Mikroprozessor zur Abarbeitung eines Software-Programms, einen Datenspeicher sowie Ein- und Ausgabeschnittstellen zur Kommunikation mit anderen Geräten (vgl. Gehrke et al., 2016, S. 213). Dennoch ist er als Halbleiterchip sehr klein und wird daher auch als Ein-Chip-Computersystem bezeichnet. Aufgrund seiner Kompaktheit kann er zur Steuerung technischer Systeme in diese eingebettet werden (Gehrke et al., 2016, S. 214).

Die Hardware erreicht also bei einem Mikrocontroller einen sehr universellen Charakter, die Funktionen werden ausschließlich durch programmierbare Software ausgeführt (Bernstein, 2020, S. 2). Die nachfolgende Abbildung zeigt das Schaltbild eines typischen Mikrocontrollers:

Abbildung 7: Schaltbild eines typischen Mikrocontrollers

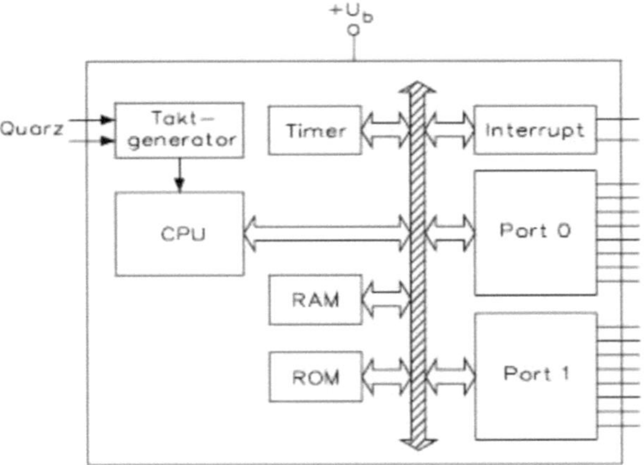

Quelle: Bernstein, 2020, S. 3

Es werden maskenprogrammierte Mikrocontroller und Mikrocontroller ohne oder mit vom Anwender programmierbarem Programmspeicher unterschieden (ebenda). Wird ein maskenprogrammierter Mikrocontroller verwendet, so wird der zu realisierende Programmablauf fest in den Mikrocontroller integriert und muss daher bereits bei der Produktion der Chips bekannt sein. Dies hat zur Folge, dass bereits zum Zeitpunkt der Chipproduktion ein getestetes, fehlerfreies Programm vorliegen muss, welches im Anschluss nicht mehr änderbar ist. Diese initiale Programmerstellung verursacht erhebliche Fixkosten, welche sich nur mit hohen Stückzahlen wirtschaftlich realisieren lassen. Bei sogenannten ROM-losen Mikrocontrollern wird ein handelsüblicher Speicherbaustein extern angeschlossen und kann gelöscht und neu beschrieben werden. Ein solcher Speicherbaustein kann z.B. ein EPROM-Speicher („Electrically Erasable Programmable Read-Only Memory") sein (ebenda).

Der Löschvorgang kann durch ein Quarzfenster realisiert werden, welches die Daten mit energiereichem UV-Licht löscht. Es wird deutlich, dass auf diesem Wege nur der gesamte Inhalt gelöscht werden kann, im Anschluss muss eine komplette Neuprogrammierung erfolgen. Darüber hinaus gibt es weitere Speichermöglichkeiten, z.B. EEPROM („electrically erasable PROM") sowie Flash-EEPROM.

4 Vergleich der unterschiedlichen Systeme

Aus rein wirtschaftlichen Interessen heraus sollte man bei der Überlegung, welche Schaltung für eine spezifische Anwendung zu bevorzugen ist, zuerst einmal Standardbausteine in Erwägung ziehen, die in großen Stückzahlen produziert werden und dementsprechend kostengünstig sind (Fricke, 2021, S. 187).

Zuerst wäre demnach zu prüfen, ob sich ASSP einsetzen lässt, da diese Art der Schaltung in großen Stückzahlen für einen Massenmarkt produziert wird und dementsprechend kostengünstig ist. Muss die Schaltung individuell konfiguriert werden, so hat man die Möglichkeit, die Hardware oder die Software anwenderspezifisch auszulegen. FPGA bieten den Anwender eine flexible Anpassung durch Programmänderung, ohne die Hardware anpassen zu müssen (ebenda, S. 207). Die Hardware lässt sich also wie bei einer ASSP-Schaltung als Massenartikel herstellen, die Programmierung erfolgt anwendungsspezifisch.

Bei ASIC handelt es sich um eine individualisierte Hardware (ebenda, S. 187). Dementsprechend muss eine auf ASIC basierte Schaltung kundenindividuell vom Halbleiterhersteller angefertigt werden. Die Entwicklungskosten sind demnach hoch, eine Entwicklung lohnt sich erst ab einer Stückzahl von 10.000, besser 100.000 Stück (Gehrke et al., 2016, S. 8). Unterscheidet man in dem Vergleich noch Vollkunden- und Halbkunden-ASICs, so ist zu konstatieren, dass Halbkunden-ASIC zwar geringere Entwicklungskosten aufweisen, jedoch etwas höhere Stückkosten und längere Signalverarbeitungszeiten haben als Vollkunden-ASICs (Fricke, 2021, S. 188). Mittlerweile integrieren die Hersteller die Anwender in den Fertigungsprozess - die Anwender können die Schaltung mithilfe einer Hardwarebeschreibungssprache entwickeln und im Anschluss den passenden ASIC aus einem Katalog auswählen (Woitowitz et al., 2012, S. 54). Da die Funktion einer ASIC-Schaltung von außen nur schwer durchschaut werden kann, kann ein etwaiger Entwicklungsvorsprung gegenüber Mitbewerbern leichter aufrechterhalten werden (Bressler et al., 2017, S. 665; Fricke, 2021, S. 189). Es wird deutlich, dass ASIC wie FPGA meist zur Lösung einer spezifischen Aufgabe entwickelt werden. Mitunter sind die Anwendungsmöglichkeiten so komplex, dass sie überhaupt erst durch die Entwicklung von ASIC erschlossen werden, z.B. Multifunktions-Armbanduhren oder Scheckkarten-Rechner (Fricke, 2021, S. 188). Liegen benötigten Stückzahlen im Bereich von mehreren

Tausend Stück, so ist eine ASIC-Schaltung sicherlich die bevorzugte Wahl. Sind die benötigten Stückzahlen darunter angesiedelt, z.B. im Bereich von einigen hundert Stück, so wäre sicherlich eine FPGA-Schaltung die bessere Alternative. Anwendungsbeispiele für ASIC-Bausteine sind Elektronikgeräte aller Art – z.B. Waschmaschinen, Rechner oder Radiowecker.

ASSP und FPGA sind frei am Markt verfügbar (vgl. Gehrke et al., 2016, S. 211). Während ASSP stets für einen konkreten Anwendungsfall im Massenmarkt entwickelt wird, der demnach keine Flexibilität in der Anwendung erfordert, eignet sich FPGA insbesondere für die Kleinserie und auch für experimentelle Arbeiten, da die Funktionsstruktur individuell ist und – je nach Ausführung - nahezu beliebig oft neu programmiert werden kann (Bressler et al., 2017, S. 501). So kann ein FPGA auch als Prototyp für einen ASIC dienen, der ausgiebig getestet und überprüft werden kann, bevor dieser Entwurf dann schließlich an den ASIC-Produzenten gegeben wird. Als nachteilig kann man ansehen, dass FPGA-Schaltungen immer eine gewisse Anzahl an Bauelementen verschwenden, da es sich stets um Hardware-Standard-Pakete handelt, die aber je nach Anwendung nicht alle genutzt werden. Die Entwicklungskosten und die Implementierungszeiten sind im Vergleich zu ASSP und ASIC deutlich geringer, dem steht allerdings eine geringere mögliche Komplexität bzw. ein höherer Leistungsbedarf bei gleicher Komplexität verglichen mit ASSP- oder ASIC-Schaltungen gegenüber.

Den vorläufigen Abschluss der Entwicklung digitaler Logiksysteme stellen die Mikrocontroller dar. Hier beschreibt nicht die Verdrahtung die zugrunde liegende Logik, sondern diese ist in Speichern – z.B. ROM, EPROM oder EEPROM – untergebracht. Die Hardware ist also universell einsetzbar, Träger der logischen Funktionen ist ausschließlich die Software (Bernstein, 2020, S. 2).

Wegen dem universellen Hardwaredesign eignen sich Mikrocontroller sowohl für einfache Steuerungsaufgaben, wie z.B. die Waschmaschinensteuerung oder eine Aufzugssteuerung, als auch für komplexere Steuerungsaufgaben, wie z.B. die Steuerung für Antiblockiersysteme in Fahrzeugen oder intelligente Anzeigeeinheiten (ebenda).

So unterschiedlich die Anwendungsmöglichkeiten, so unterschiedlich sind auch die Preise für Mikrocontroller. Für große Stückzahlen im Massenmarkt geeignet sind die sogenannten maskenprogrammierten Mikrocontroller, bei denen dem Halbleiterhersteller das Programm bereits vor der Produktion vorliegen muss. Der Stückpreis eines solchen Mikrocontrollers liegt bei etwa € 10,00, wobei die fixen Programmierkosten durchaus € 10.000 betragen können. Bei einem Mikrocontroller mit externem Speicherbaustein, wie z.B. EPROM, sind die Stückkosten erheblich höher, dafür ist das Programm auch nachträglich individuell änderbar und die Programmierkosten sind geringer (ebenda, S. 4).

5 Zusammenfassung

Autos, Smartphones, Radiowecker, Kameras, Uhren, Heizungen, Waschmaschinen: Digitaltechnik ist Bestandteil unseres Alltags, ob wir diese nun bewusst wahrnehmen oder nicht. Dabei macht sich die Digitaltechnik den Vorteil zunutze, komplexe Systeme auf kleinstem Raum umsetzen zu können, indem sie Binärdaten mit nur zwei Zuständen verwendet. Diese Binärdaten werden mithilfe logischer Verknüpfungen – sogenannter logischer Gatter - in Schaltungen weiter verarbeitet. Integrierte digitale Schaltungen beinhalten eine Vielzahl elektronischer Bauteile zum Speichern und Verarbeiten digitaler Daten. Mit Flip-Flops lassen sich Daten speichern, sie besitzen zwei stabile Zustände – set (1) und reset (0). Durch ihre Bistabilität kann eine Datenmenge von einem Bit über eine unbegrenzte Zeit gespeichert werden. Transistoren dienen zumeist als Schalter, indem sie einen Stromkreis öffnen oder schließen. Integrierte Schaltungen fassen diese elektronischen Bauteile - Flip-Flops, Transistoren, Dioden, Kondensatoren, Widerstände usw. - auf einem gemeinsamen Halbleiter, meist aus Silizium, zusammen - auf diese Weise entsteht der sogenannte Halbleiterchip. Durch das Zusammenfassen der einzelnen Bauelemente auf einem Chip entsteht ein äußerst kompaktes und gleichzeitig leistungsstarkes und verlustarmes elektronisches Bauelement.

Digitale Schaltungen müssen auf ihren spezifischen Einsatzzweck hin entwickelt werden. Standard-Schaltungen sind z.B. ASSP (Application Specific Standard Product), welche als Massenware für spezifische Einsatzzwecke hergestellt werden oder FPGA (Field Programmable Gate Array), welche ebenfalls Standard-Hardware-Komponenten verwenden, bei denen allerdings die logischen Funktionen nach der Herstellung programmiert werden können. ASIC-Schaltungen sind ebenfalls meist nur durch den Halbleiterhersteller individualisierbar, allerdings kann der Anwender hier in den Fertigungsprozess mit einbezogen werden, indem er die Schaltung selbst mittels einer Hardwarebeschreibungssprache entwickelt und im Anschluss die passende Hardware aus einem Katalog auswählt bzw. konfiguriert. Da die Schaltung aber erst nach der Beschreibung hergestellt werden kann, sind die Entwicklungskosten entsprechend hoch und lohnen sich nur bei großen Stückzahlen. Den vorläufigen Abschluss der Entwicklung digitaler Schaltungen stellen die Mikrocontroller dar. Hier werden maskenprogrammierte Mikrocontroller, bei denen das fertige Programm dem Halbleiterhersteller bereits bei der Produktion vorliegen muss und nicht änderbar ist und Mikrocontroller mit externen Speicherbausteinen, bei denen nachträgliche Änderungen am Programm durchgeführt werden können, unterschieden. Im Zuge des durchgeführten Vergleiches der einzelnen Schaltungen wurde deutlich, dass jede Variante ihre spezifischen Einsatzgebiete besitzt. Bei der Entscheidung für eine Variante spielen insbesondere die zu erwartenden Stückzahlen, Entwicklungszeit und -kosten sowie eventuell notwendige nachträgliche Änderungsmöglichkeiten im Programm eine entscheidende Rolle.

Literaturverzeichnis

Bernstein, H. (2020): Mikrocontroller.
Springer Fachmedien, Wiesbaden.

Bressler, K. / Gutekunst, J. / Hering, E. (2017): Elektronik für Ingenieure und Naturwissenschaftler.
Springer Verlag, Berlin.

Busch, R. (2015): Elektrotechnik und Elektronik.
Springer Fachmedien, Wiesbaden

Fricke, K. (2021): Digitaltechnik: Lehr- und Übungsbuch für Elektrotechniker und Informatiker.
Springer Fachmedien, Wiesbaden.

Fuchs, M. (2003): Geschichte und Einführung in Aufbau und Arbeitsweise von FPGA.
http://www.informatik.uni-ulm.de/ni/Lehre/SS03/ProSemFPGA/Einfuehrung_FPGAs.pdf, abgerufen am 14.02.2022.

Gehrke, W. / Winzker, M. / Urbanski, K. / Woitowitz, R. (2016): Digitaltechnik.
Springer Verlag, Berlin.

Woitowitz, R. / Urbanski, K. / Gehrke, W. (2012): Digitaltechnik.
Springer Verlag, Berlin

BEI GRIN MACHT SICH IHR WISSEN BEZAHLT

- Wir veröffentlichen Ihre Hausarbeit, Bachelor- und Masterarbeit

- Ihr eigenes eBook und Buch - weltweit in allen wichtigen Shops

- Verdienen Sie an jedem Verkauf

Jetzt bei www.GRIN.com hochladen und kostenlos publizieren